国家级高技能人才培训基地建设项目

奶牛饲养管理技术
实训指导手册

何 涛 李会菊 主编

U0391501

中国农业出版社
北 京

内 容 简 介

    本实训指导手册分六大模块、21个实训，模块一为饲料分类及日粮评价技术、模块二为犊牛护理及断乳技术、模块三为奶牛管理技术、模块四为奶牛繁育技术、模块五为奶牛疾病诊断技术、模块六为挤乳技术和乳的评价。

    本手册突出地方产业特点，内容紧扣中职学生的培养目标，强调以职业岗位能力培养为核心，根据奶牛养殖的生产流程设置各模块与实训，充分体现职业教育的应用性、实践性，培养学生学农务农，致力于乡村振兴，服务宁夏"六特"产业，力争打造高端奶之乡，让奶牛养殖更"牛"气。

    本实训指导手册结构新颖，图文并茂，内容简明扼要，紧扣职业岗位要求，既可以作为中等职业学校实训指导手册，也可作为基层畜牧兽医人员的参考书。

前　言

　　为全力推进黄河流域生态保护和高质量发展先行区建设，宁夏回族自治区于 2020 年初印发了《自治区九大重点产业高质量发展实施方案》。九大产业中与畜牧兽医相关的是乳产业、肉牛和滩羊产业，力争打造高端奶之乡，让肉牛更"牛"劲，让滩羊更洋气。2021 年，中共中央办公厅、国务院办公厅印发了《关于推动现代职业教育高质量发展的意见》，意见中明确提出：职业教育是国民教育体系和人力资源开发的重要组成部分，肩负着培养多样化人才、传承技术技能、促进就业创业的重要职责。本实训指导手册就是在以上背景下编写的符合地方产业发展的特色教材。

　　本实训指导手册由何涛和李会菊主编，编写具体分工如下：何涛编写模块四，并负责统稿；李会菊编写模块一和模块二；赵娜编写模块五中的实训十六、实训十七和实训十八；周颖编写模块五中的实训十九和模块六中的实训二十一；文汇玉编写模块三中的实训五、实训六和实训七；刘敏编写模块三中的实训八、实训九和实训十；杨宇为编写模块三的实训十一和模块六的实训二十。全书由张巧娥教授审稿。

　　本实训指导手册的编写离不开学校领导的关怀和同事的帮助，特此感谢！

　　由于编者水平有限，手册中难免存在不足之处，恳请读者批评指正。

编　者

2022 年 10 月

目 录

模块一　饲料分类及日粮评价技术

实训一　饲料分类

饲料是指能为饲养动物提供营养物质、保证健康、促进生长和生产，在合理使用下不发生有害作用的营养性和非营养性可食物质。动物产品，如肉、乳、蛋、皮、毛，以及役用动物劳役所需能量等，都是动物采食饲料后其营养物质在体内转化而产生的，所以说饲料是畜牧业的基础。全世界可用作饲料的原料多种多样，包括人类食品生产的副产品，共有 2 000 种以上，对饲料进行系统、准确的分类和命名是饲料生产商品化后的必然要求。

实训目标

1. 认识常见饲料，能够说出常见饲料的名称。
2. 掌握饲料的国际分类法。
3. 会对常见饲料进行分类。

实训材料

玉米、赖氨酸添加剂、玉米秸秆、大麦、麸皮、青干草、鱼粉、玉米青贮、食盐、紫花苜蓿、大豆饼粕、石灰粉、柠檬酸钠。

实训步骤

1. 教师讲解饲料分类相关知识。
2. 学生对常见饲料进行识别与归类，并填写表 1-1。

表 1 - 1　饲料识别与分类

序号	饲料国际分类法	饲料归类
1		
2		
3		
4		
5		
6		
7		
8		

实训记录

按照表 1 - 2 填写实训记录。

表 1 - 2　实训记录

实训名称			
实训日期	年　月　日	实训地点	
实训目标			
实训材料			
实训内容及过程			
饲料的国际分类法			实训学生： 指导教师：

思考与练习

饲料分类的意义是什么?

技能考核

技能考核参见表 1-3。

表 1-3　技能考核表

考核内容	考核标准	考核分值	考核得分
常见饲料	能够识别常见饲料	50	
常见饲料归类	能够对常见饲料进行归类	50	
合计		100	

考核人：

知识链接

饲料的国际分类法将饲料分为八大类，具体如下：

1. 粗饲料（1-00-000）　干物质中粗纤维含量大于或等于 18%，以风干物为饲喂形式的饲料。如各种青干草、秸秆和秕壳类饲料。

2. 青绿饲料（2-00-000）　天然水分含量在 45% 以上的新鲜饲草及以放牧形式饲喂的人工种植牧草、草原牧草等。如紫花苜蓿、黑麦草、三叶草等。

3. 青贮饲料（3-00-000）　以新鲜的天然植物性饲料为原料，以青贮方式调制成的饲料。如玉米青贮等。

4. 能量饲料（4-00-000）　干物质中粗纤维含量小于 18%，同时粗蛋白质含量小于 20% 的饲料，且每千克消化能在 10.46 MJ 以上的饲料。如玉米、大麦、麸皮等。

5. 蛋白质饲料（5-00-000）　干物质中粗纤维含量小于 18%，同时粗蛋白质含量大于或等于 20% 的饲料。如豆类籽实、饼粕类、鱼粉等。

6. 矿物质饲料（6-00-000）　可供饲用的天然矿物质及化工合成无机盐类。如食盐、石粉等。

7. 维生素饲料（7-00-000）　由工业合成或提纯的维生素制剂，但不包括富含维生素的天然青绿饲料。如维生素 A、B 族维生素。

8. 饲料添加剂（8-00-000）　为保证或改善饲料品质，防止质量下降，促进动物生长繁殖，保障动物健康而加入饲料中的少量或微量物质。如氨基酸添加剂、矿物质添加剂等。

实训二　全混合日粮评价

全混合日粮（TMR）是一种将粗饲料、精饲料、矿物质、维生素和其他添加剂充分混合，能够提供足够的营养以满足奶牛需要的饲料。TMR 饲养技术在配套技术措施和性能优良的 TMR 机械的基础上能够保证奶牛采食的都是精粗比例稳定、营养浓度一致的全价日粮。宾州筛是全混合日粮（TMR）饲养的必备工具。宾州筛也称为草料分析筛、TMR 饲料分析筛等，是美国宾夕法尼亚州立大学的研究者发明的一种简便工具，其作用包括评价日粮加工、搅拌粒度及比例，保持日粮的稳定性；检查日粮各组分是否严格按配方准确添加，添加顺序、搅拌时间是否严格按规定程序进行；了解搅拌机械设备的运行状况，以便及时进行维护保养。

实训目标

1. 会使用宾州筛筛日粮。
2. 会用宾州筛的检查结果对 TMR 日粮进行简单评估。

实训材料

全价日粮、宾州筛、塑料袋、电子秤、称料盘、记录本、笔。

实训步骤

（一）教师讲解日粮取样及宾州筛使用的相关知识

（1）取样应在投料车投料后，推槽车推槽前立即进行，以保证样品的真实性和均匀度。

（2）一般一个圈舍取 3 个样，每个样应保证至少 5 个点位，且最好不要在料槽两头的位置取样。

（3）每天给 3 个牛群取样：新产牛群、高产牛群、围产牛群（也可随机给其他牛群取样），并按照要求进行操作。

（4）取样时要保证每个样品在 500 g 左右，不要过多，也不要过少，3 个样品重量大致相同。

（5）取样过程中要尽量保证取样日粮的完整性，动作幅度不要过大，保证样品在采集过程中不会发生变化。

（6）取样后，拿到检测室要尽快进行宾州筛检测。

（7）宾州筛检测操作要点：

① 将筛子叠摞在一起，大孔筛在最上面，无孔托盘在最下面。

② 将饲料倒入顶层筛子。

③ 摇动筛子。

a. 每秒钟摇动 1 次，每次的摇动路径约 17 cm。

b. 操作宾州筛时要保证筛子只是水平移动，防止在垂直方向上移动。

c. 在一个方向上水平摇动宾州筛 5 次，之后水平旋转 90°，再摇动 5 次，重复一次此过程，即每个方向摇动 2 轮，共计 40 下。

④ 结果测定和记录。

a. 将宾州筛各层样品小心倒入容器中，进行称量。

b. 根据称量的结果除以开始测定的数据，即为每层所占百分比。

c. 在相关的数据表格中记录相关信息。

（8）用宾州筛测定 TMR 日粮上、中、下 3 层所占的比例，与奶牛不同生理阶段的 TMR 日粮标准进行对比，对 TMR 日粮品质进行简单评估。

（二）学生使用宾州筛，筛 TMR 日粮并填写表 1-4

表 1-4 宾州筛测定样品记录

组别：	日粮种类：		测定日期：
样品总重（g）（推荐 400~500 g）			
各层重（g）	上层	中层	下层
各层重占样品总重的比例（%）			

实训记录

按照表 1-5 填写实训记录。

表 1-5　实训记录

实训名称				
实训日期	年　　月　　日		实训地点	
实训目标				
实训材料				
实训内容及过程				
实训问题分析	出现问题		分析原因	改进措施
TMR 日粮评估				实训学生： 指导教师：

思考与练习

全混合日粮评估的意义是什么？

技能考核

技能考核见表 1-6。

表 1-6　技能考核表

考核内容	考核标准	考核分值	考核得分
宾州筛的使用	能够正确使用宾州筛	60	
TMR 日粮评估	能够对 TMR 日粮进行简单的评估	40	
合计		100	

考核人：

知识链接

奶牛不同生理阶段的 TMR 日粮标准见表 1-7。

表 1-7 奶牛不同生理阶段的 TMR 日粮标准

颗粒度标准	青贮饲料	泌乳日粮	围产期日粮	变异系数（CV）	
上层	8%～12%	4%～10%（6%～8%最佳）	12%～18%	≤18%	宾州筛首先是筛查日粮的一致性，其次是颗粒度。要求一车日粮取样≥3个（每个样5个点），即将料槽平分几段操作，切不可把样混合，需分别测定，计算 CV，CV 越小越好，然后每车次可以平行比较结果，这是最合理的评估方法
中层	60%～70%	35%～40%	40%～50%	≤5%	
下层	15%～30%	40%～60%	40%～60%	≤4%	

模块二 犊牛护理及断乳技术

实训三 初生犊牛护理技术

犊牛出生后体温调节能力低，适应环境变化的能力和机体免疫机能差，此期饲养管理至关重要，是保证犊牛成活率的关键时期。初生犊牛的护理主要包括清除口鼻及体表的黏液、断脐、称重、编号和哺喂初乳等。

实训目标

1. 熟知初生犊牛护理的项目。
2. 掌握初生犊牛清除口鼻及体表的黏液、断脐、编号、称重和喂初乳的方法。
3. 能正确进行清除犊牛体表的黏液、断脐、编号、称重和喂初乳等操作。

实训材料

清洁的抹布、清洁的干草、5%碘酊、剪刀、耳号、耳号钳、记录表、台秤、毛巾、温水、75%乙醇、奶壶。

实训步骤

（一）教师讲解犊牛护理的方法

1. 清除黏液 犊牛出生后，首先应清除初生犊牛口腔及鼻孔内的黏液，以免妨碍呼吸或窒息（图 2-1）。另外，宜用柔软清洁的干草或清洁的抹布擦去其身上的黏液，尤其是冬春季节，以防止因蒸发而散失体温。

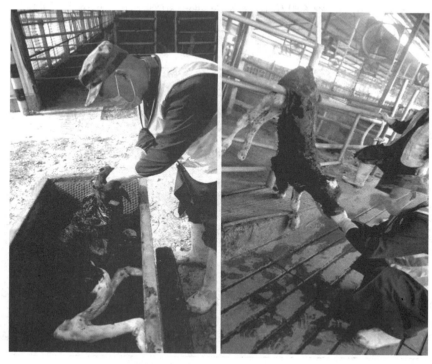

图 2-1　清除犊牛口腔黏液

2. 断脐　脐带通常可以自然扯断，如未断，可在距犊牛脐部 5～8 cm 处剪断脐带，并用 5% 碘酊涂擦充分消毒，以防感染。脐带约在犊牛出生后 1 周内干燥脱落，如发生脐炎，则应及时治疗。

3. 编号　对经过擦拭、断脐带后的犊牛打耳号进行编号，并做好系谱记录，为品种选育做好准备工作。

4. 称重　对编号后的犊牛进行称重（图 2-2），做好初生重记录，作为犊牛生长发育体重评价的对比指标。

5. 喂初乳　犊牛出生后用温水对母牛的乳房进行清洗，并用 75% 乙醇对乳头进行消毒，保证犊牛吃到的第一口乳干净卫生。初乳是母牛产犊后 3 d 内所分泌的乳汁，色黄而黏稠，营养丰富，具有许多特殊的生

图 2-2　初生犊牛称重

物学特性。因此，应使犊牛在出生后尽早吃到初乳，以增加犊牛的抵抗力，提高犊牛的存活率。可在犊牛出生后 1 h 内灌服初乳 4 L，6 h 后灌服 2 L（图 2-3），初乳的温度为 38～39 ℃。

图 2-3 给初生犊牛喂初乳

（二）学生对初生犊牛进行护理，并填写表 2-1

表 2-1 初生犊牛护理记录

犊牛出生日期		是否难产	
清理黏液		断脐带	
编号		称重（g）	
喂初乳记录			
犊牛状态观察记录			

实训记录

按照表 2-2 填写实训记录。

表 2-2 实训记录

实训名称				
实训日期	年　　月　　日		实训地点	
实训目标				
实训材料				
实训内容及过程				

（续）

实训问题分析	出现问题	分析原因	改进措施
初生犊牛护理要点总结			实训学生： 指导教师：

技能考核

技能考核参见表 2-3。

表 2-3 技能考核表

考核内容	考核标准	考核分值	考核得分
初生犊牛护理的内容	熟知初生犊牛护理的内容	20	
初生犊牛护理的方法	掌握初生犊牛护理的方法	30	
清除犊牛体表的黏液、断脐、编号、称重、喂初乳	正确、熟练地清除犊牛体表的黏液、断脐、编号、称重和喂初乳	50	
合计		100	

考核人：

知识链接

初乳和常乳营养成分见表 2-4。

表 2-4 初乳和常乳营养成分

成分	初乳	正常乳
总固体（％）	23.9	12.5
脂肪（％）	6.7	3.5
蛋白质（％）	14.0	3.1

（续）

成分	初乳	正常乳
IgG 抗体（%）	6.0	0.09
乳糖（%）	2.7	4.9
矿物质（%）	1.11	0.74
维生素 A（μg/100 mL）	295.0	34.0

实训四　犊牛早期断乳技术

犊牛的早期断乳是指从犊牛 60 日龄开始实施断乳至完全断乳。牧场实现早期断乳可以节约商品乳及代乳料，从而降低犊牛培育成本，减少哺乳期所需专门设备的配置，并可节约劳动力，提前补饲精饲料和牧草，可促进犊牛消化器官的发育，提高犊牛的培育质量，降低消化系统疾病的发病率，提高犊牛成活率。

实训目标

1. 掌握犊牛早期断乳的标准。
2. 会给犊牛断乳。

实训材料

2 月龄犊牛、常乳、奶壶、饲草料。

实训步骤

（一）教师讲解犊牛断乳相关知识

1. 断乳流程

（1）观察。犊牛连续 3 d 每天固体采食量达到 1.5～2.0 kg 时开始断乳，每天饲喂新鲜的精饲料，注意不能饲喂不合格的精饲料。

（2）断乳前 6 d，常乳饲喂量逐渐减少，直至断乳（表 2-5）。

表 2-5 犊牛断乳前 6 d 常乳饲喂量

时间	断乳前 6 d	断乳前 5 d	断乳前 4 d	断乳前 3 d	断乳前 2 d	断乳前 1 d	彻底断乳
常乳饲喂量 （L）	7	6	5	4	2	1	0

（3）断乳后观察 7～10 d，将健康无病的犊牛转入后备牛舍。病牛治愈后转入育成牛舍。

2. 早期断乳的标准 2 月龄时，连续 3 d 监控开食料采食量，达到 1.5～2.0 kg/d，开始断乳，断乳体重约为初生重的 2 倍。断乳后在原牛舍饲养 1 周再转群。早期断乳还要考虑犊牛断乳前的体重、体高、健康状况等，所以犊牛断乳是一个综合指标。

（二）学生给犊牛断乳

学生给犊牛断乳，并填写表 2-6。

表 2-6 犊牛断乳记录

犊牛耳号						
常乳饲 喂量（L）	断乳前 6 d					
	断乳前 5 d					
	断乳前 4 d					
	断乳前 3 d					
	断乳前 2 d					
	断乳前 1 d					
	彻底断乳					
断乳期间犊牛精神状态						

实训记录

按照表 2-7 填写实训记录。

表 2-7 实训记录

实训名称				
实训日期	年　月　日		实训地点	
实训目标				
实训材料				
实训内容及过程				
实训问题分析	出现问题		分析原因	改进措施
总结早期断乳的标准和技术要领			实训学生： 指导教师：	

思考与练习

犊牛早期断乳的意义是什么？

技能考核

技能考核参见表 2-8。

表 2-8 技能考核表

考核内容	考核标准	考核分值	考核得分
犊牛早期断乳的标准	掌握犊牛早期断乳的标准	40	
犊牛断乳操作	会给犊牛断乳	60	
合计		100	

考核人：

知识链接

犊牛期（断乳至 6 月龄）的饲养管理要点：

（1）随着犊牛月龄增长，逐渐增加优质粗饲料喂量，选择优质干草与苜蓿供犊牛自由采食，6 月龄前禁止饲喂青贮饲料等发酵饲料。

（2）做好断乳犊牛过渡期的饲养管理，减少由于断乳、日粮变化及天气等造成的应激。

（3）犊牛满 6 月龄，日粮干物质采食量应达到 4.5 kg/d；粗蛋白质达到 540～580 g/d，钙达到 22～24 g/d，磷达到 14～16 g/d。犊牛精饲料补喂量 5 kg/d。

模块三 奶牛管理技术

实训五 奶牛分群

不同年龄的后备母牛及不同泌乳阶段的成年母牛在日粮、营养需要和饲养管理方法上是不一样的，所以不论是后备母牛还是成年母牛必须分群饲养管理。

实训目标

1. 了解奶牛分群的目的。
2. 掌握奶牛分群的阶段。
3. 掌握奶牛分群的原则。

实训材料

各阶段的奶牛。

实训步骤

（一）教师讲解奶牛分群相关知识

1. 0～6月龄犊牛的分群 母牛分娩结束后，工作人员记录母牛的耳号及产犊日期、时间、产犊过程（难产或顺产）及犊牛性别。母仔要在30 min后分开，0～60 d断乳要单独饲养，新生犊牛及时转到犊牛舍，并做好相关记录。犊牛在满2月龄时，对其体重、体高等生长指标进行监测，每月1次。犊牛断乳后7～10 d转到后备牛舍，并做好相关记录。后备牛舍为刚断乳犊牛的观察区，2～3月龄犊牛每圈放 15～18 头，每个圈设有 1 个精饲料槽，保证 24 h 不断精饲料，并保证精饲料槽干净，保证充足饮水。断乳犊牛根据体况每月分群 1～2 次。犊牛满 6 月龄（不能低于 4 月龄）时，根据犊牛个体具体情况分别移交给育种部门、饲养部门、兽医部门，并做好相关记录。

犊牛分群的基本原则：

（1）断乳以前每栏 1 头在犊牛岛饲养，或每栏 5～6 头在犊牛舍隔栏饲养。

（2）断乳后 4 月龄以前的犊牛每栏 10～15 头在断乳犊牛舍饲养。

（3）4 月龄以上的犊牛各牧场根据圈舍情况每群 30～50 头饲养。

（4）犊牛每月最少 1 次按体格大小调整分群。

2. 6～24 月龄后备牛的分群　6～24 月龄的育成牛和青年牛，每栏50～70 头（依据每个牧场实际情况定），每月调整 1 次牛群，分群原则：体格大小一致的同群；参配牛同群；妊娠牛同群；每圈牛头数要少于牛颈夹数，确保同圈牛能够同时采食；瘦弱牛单独饲养。

3. 围产牛分群　干乳前期牛（刚干乳的牛）放在同一个牛舍，以便于干乳后跟踪观察，临产前（21±3）d 的干乳牛转入围产牛舍，青年牛产犊前发现有水肿的牛产前 15 d 就可以转群，正常牛产前（20±3）d 转入围产牛舍。每 2 d 转 1 次牛。

围产牛分群原则：青年牛（头胎牛）、成年奶牛围产期分栏饲养，牛头数应少于牛饲喂栏数的 5%～10%。

围产牛的转群原则：

（1）及时转预产期前（21±3）d 的围产牛（头胎牛和干乳牛），记录头数和耳号，并通知相关部门。

（2）每次转牛前对单耳牌或无耳牌的牛进行耳号核对并做补耳牌工作。

（3）转围产牛时，及时通知并监督兽医部门做好肉毒梭菌（C 型）疫苗的免疫接种工作。

（4）发现病牛及时通知兽医部门。

（5）发现流产牛及时通知接产员并将其转到产房。

4. 泌乳牛分群

（1）初产牛。产后 21 d 以内的泌乳牛，可据情况将产后 60 d 以内的牛划为初产牛。产后收集完初乳后，健康的牛立即转入初产牛舍，头胎牛与经产牛应在不同牛舍分群饲养。

（2）高峰期牛。泌乳天数为 60～240 d 的泌乳牛，平均单日产乳量介于 25～30 kg 的牛，泌乳 150 d 以前不动群，泌乳 150 d 以后根据繁殖情况、体况评分、产量等分群。其中，个别低产奶牛必须转到后期牛舍。

（3）中产牛。泌乳天数为 240～300 d，平均单日产乳量在 20 kg 左右的奶牛。

（4）后期牛。体况评分＞3.75 分，泌乳天数＞300 d，平均单日产乳量＜20 kg 的泌乳牛。其中，连续 3 d 每天产乳量低于 5 kg 的牛必须提前干乳。

泌乳牛分群原则：

（1）泌乳期牛分群、转圈次数越少越好。

（2）在距挤乳厅最近、最舒适的牛舍饲养初产牛。

（3）患乳腺炎的牛治愈后独群饲养、最后挤乳。

（4）支原体、金黄色葡萄球菌引起的乳腺炎的牛治愈后隔离独群饲养，在独立挤乳厅挤乳。

（5）牛头数占牛卧床数量的 97％ 以下。

（6）牛头数应少于牛饲喂栏数的 5％～10％。

（二）学生对牛群进行分群，并填写表 3-1

表 3-1　牛群分群情况记录

阶段	分群日期	牛群大小（头/群）	分群后牛群状况
0～6 月龄犊牛			
6～24 月龄后备牛			
围产牛			
泌乳牛			

分群人：　　　　　　　　　记录人：

实训记录

按照表 3-2 填写实训记录。

表 3-2 实训记录

实训名称			
实训日期	年　月　日	实训地点	
实训目标			
实训材料			
实训内容及过程			
实训问题分析	出现问题	分析原因	改进措施
奶牛分群阶段与原则		实训学生： 指导教师：	

思考与练习

奶牛分群的意义是什么？

技能考核

技能考核参见表 3-3。

表 3-3 技能考核表

考核内容	考核标准	考核分值	考核得分
奶牛分群的目的	了解奶牛分群的目的	20	
奶牛分群的阶段	掌握奶牛分群的阶段	40	
奶牛分群的原则	掌握奶牛分群的原则	40	
合计		100	

考核人：

实训六 奶牛干乳技术

奶牛经过300多天的产乳，产犊前2个月乳腺基本上停止分泌乳汁，这时就进入干乳期。奶牛干乳是为了尽快恢复体质，保证胎儿快速发育，使乳腺得到很好的修复，为下一个泌乳期打下良好的基础。干乳期一般为60 d。体弱年老牛、初产牛，以及饲料条件较差的地区干乳期应为60～70 d，体壮、产乳量低的妊娠牛干乳期可缩短至45～50 d。

实训目标

1. 掌握干乳的目的。
2. 掌握干乳技术。

实训材料

经过300 d产乳的泌乳牛、停乳膏、抗生素等。

实训步骤

（一）教师讲解干乳的方法

1. 逐渐干乳法 在预定干乳期前10～15 d，逐渐减少青绿饲料、多汁饲料喂量，减少精饲料喂量，限制饮水，加强运动，挤乳前停止按摩乳房，减少挤乳次数，使妊娠牛在10～15 d内停乳。这种方法多适用于中产牛和高产牛。

2. 快速干乳法 从预定干乳期的前7 d起，适当减少精饲料喂量，停喂多汁饲料，控制饮水，加强运动，减少挤乳次数，由每天2次改为1次，当日产乳量下降到2 kg时完全停止挤乳。这种方法多适用于中产水平以下的奶牛。

无论采用哪种方法，在最后一次挤乳结束后，按要求向4个乳区内注入一些停乳膏或相应的抗生素，以防发生乳腺炎。

（二）学生对奶牛进行干乳

学生对奶牛进行干乳，并填写表3-4。

表 3 - 4　奶牛干乳记录

需干乳的牛	干乳日期	选择干乳的方法	干乳效果	负责人

实训记录

按照表 3 - 5 填写实训记录。

表 3 - 5　实训记录

实训名称				
实训日期	年　月　日		实训地点	
实训目标				
实训材料				
实训内容及过程				
实训问题分析	出现问题	分析原因		改进措施
干乳效果分析				实训学生： 指导教师：

思考与练习

奶牛干乳的意义是什么？

技能考核

技能考核参见表3-6。

表3-6 技能考核表

考核内容	考核标准	考核分值	考核得分
干乳的目的	掌握干乳的目的	30	
奶牛干乳	会对奶牛进行干乳	70	
合计		100	

考核人：

知识链接

干乳期管理要点：

(1) 停止挤乳1周后，饲养员要随时注意干乳牛乳房的变化，特别是一些高产牛和泌乳期发生过乳腺炎的干乳牛。如果发现乳房发红、发热、变硬，干乳牛疼痛不安，应将乳区内的乳挤净，重新干乳。若经检查发现患有乳腺炎，待治疗好后再行干乳。

(2) 干乳前期（干乳后20 d以内）的母牛应给其提供优质饲草，自由采食。一般每头每天喂混合精饲料5 kg，个别体质瘦的干乳牛每天供给5.5～6 kg精饲料，营养状况很好的干乳牛每天供给4～5 kg精饲料。

(3) 为了满足母牛分娩后泌乳的需要，在干乳期最后的2～3周自由采食粗饲料，每天每头多喂给混合精饲料0.5～1 kg。这样可使奶牛及早适应高精日粮，有助于缓解产后能量负平衡、提高峰期产乳量、延长峰期。在产前4～7 d，乳房过度膨胀或水肿严重时，可适当减少精饲料和多汁饲料的喂量。

(4) 整个干乳期，为了防止流产，不能让母牛饮冰水、吃冻草，严禁饲喂霉变的饲草、饲料。注意适当运动，避免挤撞。

实训七 奶牛体况评分

奶牛体况评分是检查奶牛膘情的一种方法，是评价奶牛饲养管理是否合理，并作为调整饲料、加强饲养管理的依据。据此可以通过改变饲料与饲养管理来调控体况，以减少发生代谢疾病和出现繁殖障碍，提高奶牛总生产效率。奶牛体况评分主要是基于肉眼观察和触摸牛的背、腰角、尻和尾根等部位体脂情况，结合被毛光亮程度、腹部凹陷深度等进行评定。

实训目标

1. 掌握各生理阶段体况评分标准。
2. 会对奶牛体况进行评分。

实训材料

育成牛、成年母牛、表格等。

实训步骤

（一）教师讲解体况评分相关知识

1. 2. 25 分 过瘦，整个脊骨覆盖的肉很少，呈皮包骨样，各椎骨清晰可辨，且显著凸起，椎骨末端手感明显，形成延伸至腰部的清晰可见的衣架样；脊椎骨明显，节节可见，背线呈锯齿状；腰横突之下，两腰角之间及腰臀之间有深度凹陷；肋骨凸出于体表，肋骨根根可见；腰角与臀角之间凹陷，腰角及臀端轮廓毕露；尾根下部及两臀角之间凹陷呈深 V 形的窝，使得该部位的骨骼结构明显凸起。如图 3-1 所示。

2. 2. 50 分 皮与骨之间稍有些肉脂，整体消瘦但不虚弱；凭视觉辨别出整个脊骨，但不凸起，用肉眼不易区分一节节椎骨；脊骨末端覆盖的肌肉多一些，但手摸仍感到明显凸起；触摸时能区分横突和棘突，但棱角不明显；整个脊椎骨凸出，背线呈波浪形，但触摸脊骨时有清晰的衣架样感觉；前脊、腰部

图 3-1 2.25 分图解

和尻部的脊椎骨在视觉上不明显，但手感仍可辨别；腰角及臀端凸起分明，肋骨隐约可见，两腰角之间及腰臀之间呈明显凹陷，但骨骼上有些肌肉覆盖；尾根和臀角之间的部位有些下陷，呈 U 形。如图 3-2 所示。

3. 2.75 分　较清秀；脊椎骨似鸡蛋锐端，看不到单根骨头；腰横突之下，两腰角之间及腰臀之间凹陷；肋骨可见，边缘丰满，腰角及臀端可见，但结实；尾根两侧下凹，但尾根上已经覆盖脂肪。如图 3-3 所示。

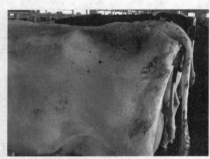

图 3-2 2.50 分图解　　　　　　　　图 3-3 2.75 分图解

4. 3.00 分　体况一般，营养中等。脊椎骨处肌肉丰满，背线平直；背脊呈圆形稍隆起，一节节椎骨已不可见，用手轻轻施加压力可辨别出整个脊骨。同时，脊骨平坦，无衣架样感觉；前背、腰部和尻部的脊椎骨呈圆形背脊状；腰横突之下略有凹陷；肋骨隐约可见，腰角及臀端呈圆形且较圆滑；臀角之间及尾根周围部位平坦或仅有微弱下陷，尾根上有脂肪沉积。如图 3-4 所示。

5. 3.25 分　脊椎骨及肋骨上可感到脂肪沉积；腰横突之下凹陷不明显；腰角及臀端丰满；尾根两侧仍有一定凹陷，尾根上脂肪沉积较明显。如图 3-5 所示。

图 3-4　3.00 分图解

图 3-5　3.25 分图解

6. 3.50 分　从整体看有脂肪沉积，体况肥，属丰满健康体况。用手用力按才能辨别出整个脊骨，同时脊骨平坦或呈圆形，无衣架样感觉；用力按压也难摸到横突，脊突两侧近于平坦，肋骨不显现；前脊部位脊椎骨呈圆形、平坦的隆起状，但腰横突之下无凹陷，腰、尻部位平坦；尻部肌肉丰满，腰角与臀端圆滑，两个腰角之间的十字部位看上去呈水平状；尾根和臀角周围部位的肌肉丰满，呈圆形，尾根两侧凹陷很小，末端上有明显的脂肪沉积，仅在触诊时才能摸到髋骨和坐骨结节。如图 3-6 所示。

图 3-6　3.50 分图解

7. 3.75 分　属肥胖体况。背部结实多肉；腰角与臀端丰满，脂肪堆积明显；尾根两侧丰满，皮肤几乎无皱褶。如图 3-7 所示。

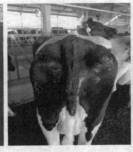

图 3-7　3.75 分图解

8. 4.00 分　明显过肥，属过度肥胖体况；牛体的背部隆起、多肉，体侧和股部皮下被脂肪层所覆盖；腰角与臀端非常丰满，脂肪堆积非常明显，眼观看不出脊椎骨、腰角和臀角部位的骨骼结构。皮下脂肪明显凸起。腰角、臀部不明显；腰、臀之间呈圆形；尾根两侧显著丰满，皮肤无皱褶，尾根几乎埋进脂肪组织内。如图 3-8 所示。

图 3-8　4.00 分图解

（二）学生对奶牛体况进行评分

根据现有的奶牛，对奶牛的体况进行评分，评分标准见奶牛体况说明和图解，并填写表 3-7。

表 3-7　奶牛体况评分记录

奶牛耳号	体况评分（分）	相应措施	评分人

实训记录

实训记录见表 3-8。

表 3-8　实训记录

实训名称			
实训日期	年　月　日	实训地点	
实训目标			
实训材料			
实训内容及过程			
实训问题分析	出现问题	分析原因	改进措施
奶牛体况评分分析			实训学生： 指导教师：

思考与练习

奶牛体况评分的意义是什么？

技能考核

技能考核参见表 3-9。

表 3-9　技能考核表

考核内容	考核标准	考核分值	考核得分
各生理阶段体况评分标准及图解	掌握各生理阶段体况评分标准及图解	40	
奶牛体况评分	会对奶牛体况进行评分	60	
合计		100	

考核人：

奶牛体况的评估要求：

1. 育成牛　每月对 6 月龄、12 月龄、第 1 次配种（13～14 月龄）及产前 2 个月的牛进行体况评分。

2. 成年母牛　每月对干乳期、产犊时、泌乳 60 d、泌乳 100 d、干乳前的牛进行体况评分。

3. 各生理阶段体况评分标准

（1）干乳期 3.50 分（范围 3.25～3.75 分）。

（2）成年母牛产犊时 3.50 分（范围 3.25～3.75 分）。

（3）泌乳高峰期 3.00 分（范围 2.50～3.25 分）。

（4）采食高峰期 3.00 分（范围 2.75～3.25 分）。

（5）泌乳末期 3.25 分（范围 3.00～3.50 分）。

（6）育成牛（6～12 月龄）3.00 分（范围 2.75～3.25 分）。

（7）育成牛（13～14 月龄配种时）3.25 分（范围 3.00～3.50 分）。

（8）青年牛产犊时 3.50 分（范围 3.25～3.75 分）。

实训八　奶牛牛体卫生评分

对奶牛进行牛体卫生评分，目的在于通过评估奶牛的卫生情况，加强奶牛的卫生管理，减少疾病，为奶牛创造舒适的环境，从而为人类提供优质乳。

实训目标

1. 掌握奶牛牛体卫生评分的标准。

2. 会对奶牛牛体卫生进行评分。

实训材料

奶牛、表格。

实训步骤

（一）教师讲解奶牛牛体卫生评分标准

1. 牛体卫生评分 1 分　小腿蹄冠以上没有或有很少的粪迹；大腿没有粪迹；乳房没有粪迹。如图 3-9 所示。

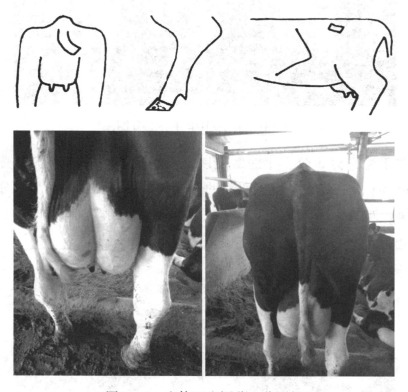

图 3-9　牛体卫生评分 1 分图解

2. 牛体卫生评分 2 分　小腿蹄冠以上溅有少量粪迹；大腿没有粪迹；乳房在接近乳头处有少量粪迹。如图 3-10 所示。

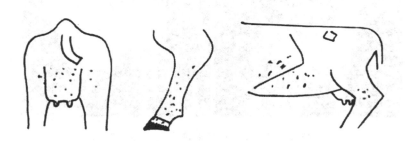

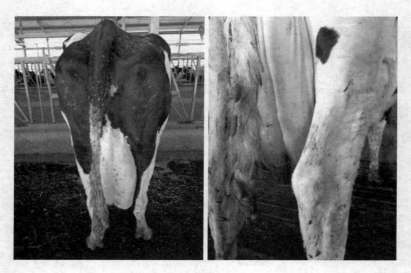

图 3-10 牛体卫生评分 2 分图解

3. 牛体卫生评分 3 分 小腿蹄冠以上及稍远处粘有斑点状牛粪，但是皮毛上看不到；大腿在皮毛上看到明显的斑点状牛粪；乳房的下半部分有明显的斑点状牛粪。如图 3-11 所示。

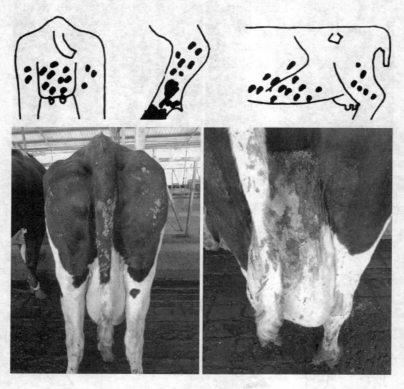

图 3-11 牛体卫生评分 3 分图解

4. 牛体卫生评分 4 分 块状牛粪遍布整个小腿部;大的牛粪块粘在大腿皮毛上;整个乳房上和乳头上都粘有块状牛粪。如图 3－12 所示。

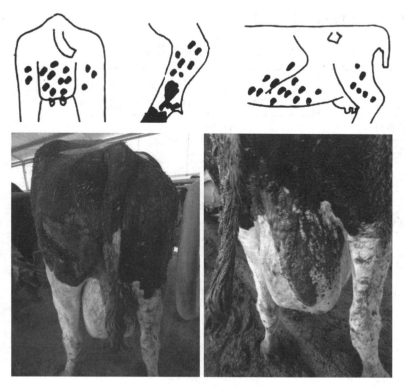

图 3－12 牛体卫生评分 4 分图解

(二)学生对奶牛的牛体卫生进行评分

对奶牛的牛体卫生进行评分,并填写表 3－10,评分标准见奶牛牛体卫生说明及图解。

表 3－10 奶牛牛体卫生评分记录

奶牛耳号	牛体卫生评分(分)	相应措施	评分人

实训记录

按照表 3 - 11 填写实训记录。

表 3 - 11　实训记录

实训名称				
实训日期	年　　月　　日		实训地点	
实训目标				
实训材料				
实训内容及过程				
实训问题分析	出现问题		分析原因	改进措施
牛体卫生评分分析及采取的相应措施			实训学生： 指导教师：	

思考与练习

牛体卫生评分的意义是什么?

技能考核

技能考核参见表 3 - 12。

表 3 - 12　技能考核表

考核内容	考核标准	考核分值	考核得分
牛体卫生评分的标准	掌握牛体卫生评分的标准	40	
牛体卫生评分	会对牛体卫生进行评分	60	
合计		100	

考核人：

实训九　奶牛行走评分

行走评分以观察奶牛站立和行走（步态）为基础，着重观察奶牛背部姿势，该评分方式直观且易于使用和实施。行走评分在检查蹄趾（蹄部）病变、检测跛足发生率、比较不同牛群之间跛足发生率和严重程度，以及识别奶牛是否需要修蹄等方面非常有意义。

实训目标

1. 掌握奶牛行走评分的标准。
2. 会对奶牛进行行走评分。

实训材料

奶牛、表格。

实训步骤

（一）教师讲解奶牛行走评分的标准

1. 奶牛行走评分 1 分

诊断：正常。

描述：站立及行走时背部平直，四蹄起落有致，如图 3–13 所示。

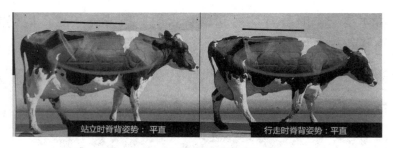

站立时脊背姿势：平直　　　　行走时脊背姿势：平直

图 3–13　奶牛行走评分 1 分图解

2. 奶牛行走评分 2 分

诊断：轻微蹄病。

描述：站立时脊背平直，但行走时脊背弓起，步伐稍有异常，如图 3-14 所示。

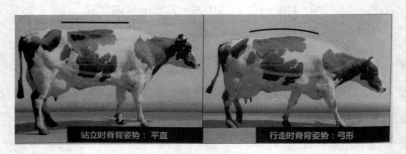

图 3-14　奶牛行走评分 2 分图解

3. 奶牛行走评分 3 分

诊断：轻度蹄病。

描述：站立及行走时脊背均弓起，行走时步伐变小，跛肢对侧肢蹄的悬蹄可能有轻微下沉，如图 3-15 所示。

图 3-15　奶牛行走评分 3 分图解

4. 奶牛行走评分 4 分

诊断：中度蹄病。

描述：站立及行走时脊背均弓起，喜欢用 1 条或几条腿，但仍能支撑住身体，跛肢对侧肢蹄的悬蹄有明显下沉，如图 3-16 所示。

图 3-16　奶牛行走评分 4 分图解

5. 奶牛行走评分 5 分

诊断：重度蹄病。

描述：脊背弓起，拒绝用某一肢负重。可能在躺下后拒绝站立起来或者很难站立起来，如图 3－17 所示。

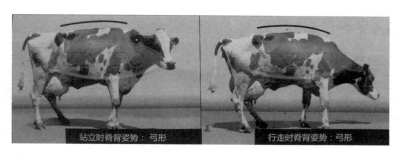

图 3－17　奶牛行走评分 5 分图解

（二）学生对奶牛的行走进行评分

对奶牛的行走进行评分，并填写表 3－13，评分标准见奶牛行走说明及图解。

表 3－13　奶牛行走评分记录

奶牛耳号	奶牛行走评分（分）	相应措施	评分人

实训记录

按照表 3－14 填写实训记录。

表 3-14　实训记录

实训名称			
实训日期	年　月　日	实训地点	
实训目标			
实训材料			
实训内容及过程			
实训问题分析	出现问题	分析原因	改进措施
牛体行走评分分析及采取的相应措施			实训学生： 指导教师：

思考与练习

奶牛行走评分的意义是什么？

技能考核

技能考核参见表 3-15。

表 3-15　技能考核表

考核内容	考核标准	考核分值	考核得分
奶牛行走评分的标准	掌握奶牛行走评分的标准	40	
奶牛行走评分	会对奶牛行走进行评分	60	
合计		100	

考核人：

（一）奶牛行走评分的应用

为了奶牛的蹄部更健康，需要在平整的地面上对其进行观察。对于行走评分为 2～3 分的奶牛，需要检查以及修蹄，以避免出现更严重的问题。

（二）影响跛足发生率的因素及应对措施

1. 奶牛舒适度　避免过度拥挤；提供正确设计且运行良好的牛舍；大幅降低热应激；地面摩擦力应良好，但应较大限度地减少蹄部磨损。

2. 蹄部护理　进行维护性修蹄（每年 2 次），进行治疗性修蹄，正确维护和管理蹄浴池，保持环境清洁干燥。

3. 过渡期　不能突然改变日粮，以减少瘤胃应激；努力提高奶牛健康状况。

4. 营养　提供营养均衡的日粮，以保证蹄部健康。

实训十　奶牛乳头评分

奶牛乳头是否健康将会影响牛乳质量、牛乳产量以及挤乳效率，直接影响奶牛场的经济效益。奶牛乳头的正常组织结构如果发生改变，也会增加患乳腺炎的风险，所以如何预防、避免损伤乳头的正常组织结构就成了我们必须关注的问题，而造成这些现象的原因主要是因为过度挤乳，奶衬的张力过大、真空度过高，奶衬与全群奶牛乳头不匹配等。要想改善这些情况，避免乳腺炎和其他疾病发生，我们就必须了解奶牛乳头的健康程度。要学会对乳头评分，包括奶牛乳房的皮肤状况及颜色、乳头根部是否肿胀、乳头孔是否开张、末端是否粗糙等指标，通常根据乳头的平滑程度、乳端的粗糙程度，把奶牛乳头分为 4 个等级。

实训目标

1. 掌握乳头评分标准。

2. 会对奶牛乳头进行评分。

实训材料

奶牛、表格。

实训步骤

（一）教师讲解乳头评分标准

1. 1 级乳头　奶牛的乳头非常光滑，带有平坦的小圆孔，小圆孔的周围甚至可见光滑无角质的环，如图 3-18 所示。

2. 2 级乳头　相比 1 级乳头，2 级乳头呈现光滑的角质环，如图 3-19 所示。

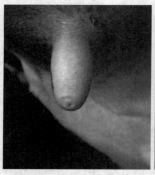 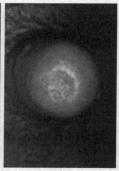

图 3-18　奶牛 1 级乳头评分图解

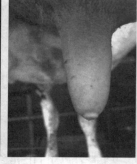 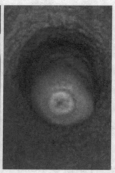

图 3-19　奶牛 2 级乳头评分图解

3. 3 级乳头　当乳头评分到 3 级时，就需要我们关注了，此时乳端皮肤粗糙，乳腺孔有 1～3 mm 的角质层，从乳腺孔向外有放射状皲裂，并且有粗糙的角质环，如图 3-20 所示。

4. 4 级乳头　乳端皮肤非常粗糙，乳腺孔有 3 mm 以上的角质层，有乳头"开花"情况，从乳腺孔向外有明显的皲裂，呈现非常粗糙的角质环，如图 3-21 所示。

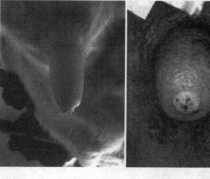

图 3-20　奶牛 3 级乳头评分图解

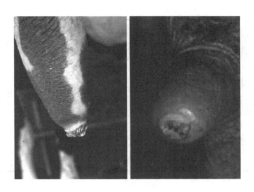

图 3-21　奶牛 4 级乳头评分图解

（二）学生对奶牛的乳头进行评分

对奶牛的乳头进行评分，并填写表 3-16，评分的标准见奶牛乳头说明及图解。

表 3-16　奶牛乳头评分记录

奶牛耳号	奶牛乳头评分（分）	相应措施	评分人

实训记录

按照表 3-17 填写实训记录。

表 3-17　实训记录

实训名称				
实训日期	年　月　日		实训地点	
实训目标				
实训材料				
实训内容及过程				

（续）

实训问题分析	出现问题	分析原因	改进措施
奶牛乳头评分分析及采取的相应措施			实训学生： 指导教师：

思考与练习

奶牛乳头评分的意义是什么？

技能考核

技能考核参见表3-18。

表3-18　技能考核表

考核内容	考核标准	考核分值	考核得分
乳头评分标准	掌握乳头评分标准	40	
乳头评分	会对奶牛乳头进行准确评分	60	
	合计	100	

考核人：

知识链接

对奶牛乳头进行评分时需要观察者用眼睛去观察，用手去抚摸，在这一过程中，评定奶牛乳头等级，从侧面了解其健康程度。通过检查乳头的健康程度，不仅能及时发现奶牛乳腺炎的发病情况，而且还可以根据这个结果了解挤乳厅的管理是否到位，挤乳设备是否合适，奶牛的休息环境对乳头皮肤的影响。奶牛乳头的健康，对奶牛的生产能力至关重要，也是决定牛乳质量的关键，对牛场而言则是经济利益的根本体现，所以我们要向着使奶牛乳头保持健康的方向努力。

实训十一　奶牛蹄浴

　　蹄部发生疾病时往往导致奶牛蹄部红、肿、热、痛等病理变化和运步缓慢、跛行等功能障碍，在很大程度上会使奶牛的产乳量下降。所以，奶牛每年要定期进行蹄浴。

实训目标

　　1. 明确蹄浴的目的。
　　2. 掌握蹄浴药液的配制。
　　3. 掌握蹄浴技术。

实训材料

　　需要蹄浴的奶牛、蹄浴池、5％甲醛溶液或5％硫酸铜溶液。

实训步骤

（一）教师讲解蹄浴相关知识

　　1. 蹄浴时间控制　北方牧场每周2次；南方牧场冬天（10月至翌年3月）每周2次，夏天（4—9月）每周3次。每次保证当天每个挤乳班次都进行蹄浴。特殊情况下可增加蹄浴次数。

　　2. 蹄浴方式　回牛通道摆放自制蹄浴池，覆盖整个回牛通道。蹄浴池棱角、四边不得给奶牛造成伤害，其大小保证奶牛在其中能行走两步即可。蹄浴池不使用时必须移出回牛通道，不得影响奶牛行走。蹄浴池中药液深一般为8～10 cm（图3-22）。

　　3. 蹄浴液的配比　蹄浴液采用5％甲醛溶液或5％硫酸铜溶液。每500头牛使

图3-22　蹄浴示意

用后更换一次蹄浴液，以确保蹄浴效果。

（二）学生对奶牛进行蹄浴

1. 学生配制蹄浴液。

2. 对奶牛进行蹄浴，并填写表3-19。

表3-19　奶牛蹄浴记录

奶牛耳号	蹄浴效果评价	负责人

实训记录

按照表3-20填写实训记录。

表3-20　实训记录

实训名称			
实训日期	年　　月　　日	实训地点	
实训目标			
实训材料			
实训内容及过程			
实训问题分析	出现问题	分析原因	改进措施
蹄浴效果评价			

实训学生：

指导教师：

思考与练习

蹄浴的意义是什么?

技能考核

技能考核参见表 3-21。

表 3-21　技能考核表

考核内容	考核标准	考核分值	考核得分
蹄浴的目的	明确蹄浴的目的	20	
配制蹄浴液	会配制蹄浴液	30	
蹄浴	会给奶牛蹄浴	50	
合计		100	

考核人:

模块四　奶牛繁育技术

实训十二　奶牛发情鉴定（外部观察法）

母牛达到性成熟后，在发情季节内每隔一定时间，卵巢内就有成熟的卵子排出。随着卵子的逐渐成熟与排出，母牛在生理状态、行为和生殖器官等各方面都发生很大的变化，并表现出一定征状，如精神不安、食欲减退、鸣叫、主动接近公牛、排尿次数增多、尿液变稠、阴门肿胀、排出黏液（吊线）、有交配欲，甚至互相爬跨等，母牛出现这些现象时即称为发情。本实训通过外部观察法来发现发情的母牛，及时进行配种。

▌实训目标

1. 通过外部观察法，掌握奶牛发情征状。
2. 通过外部观察法，鉴定奶牛是否发情。

▌实训材料

奶牛、记录表。

▌实训步骤

（一）教师讲解奶牛发情鉴定的外部观察法

外部观察是发情鉴定最常用的一种方法。观察时应将母牛放入运动场中，每天定时观察。母牛发情的表现程度与群内发情母牛的头数有关，如果许多母牛同时发情，则会使其中每头母牛的发情表现更加显明。该方法主要是根据母牛的外部表现来判断其发情程度，确定配种时间。母牛发情时，往往表现不安、时常鸣叫、食欲减退、尿频、甩尾，阴道流出透明的条状黏液，明显地黏附在尾上或臀部，最显著的特征是发情母牛爬跨其他母牛。当爬跨即将停止或停止不久，阴门开始收缩时为配种（输精）的最佳时机。

（二）学生通过外部观察法鉴定奶牛是否发情

填写表 4 - 1。

表 4 - 1 母牛发情征状记录

奶牛耳号	发情征状	是否可以配种	鉴定人

实训记录

按照表 4 - 2 填写实训记录。

表 4 - 2 实训记录

实训名称			
实训日期	年　月　日	实训地点	
实训目标			
实训材料			
实训内容及过程			
实训问题分析	出现问题	分析原因	改进措施
母牛发情征状分析总结		实训学生： 指导教师：	

思考与练习

发情鉴定的意义是什么?

技能考核

技能考核参见表4-3。

表4-3 技能考核表

考核内容	考核标准	考核分值	考核得分
奶牛发情征状	掌握奶牛发情征状	40	
奶牛发情	能通过观察奶牛的外部表现鉴定奶牛是否发情	60	
	合计	100	

考核人:

知识链接

发情鉴定的其他方法:

1. 阴道检查法 阴道检查法就是将开膣器插入母牛阴道,借助一定光源,观察阴道黏膜的色泽、黏液性状及子宫颈口开张情况,判断母牛发情程度的方法。此法常用于体格较大的母牛,但由于不能准确判断母牛的排卵时间,所以发情鉴定时很少应用,只作为一种辅助方法。

2. 直肠检查法 直肠检查法是工作人员将手伸进母牛的直肠内,隔着直肠壁触摸检查卵巢上卵泡发育的情况,以便确定配种时期。直肠检查法是目前判断母牛发情比较准确而常用的方法。

3. B超检测法 B超检测法是繁殖技术人员将母牛保定后,通过直肠检查确定卵巢和卵泡位置,手握牛用B超仪的探头再行进入直肠,用探头触压卵巢检查卵泡发育状态,根据卵泡的直径判断配种时间。成熟卵泡直径为18~22 mm时,可进行配种。

实训十三　奶牛人工授精技术

　　人工授精即利用器械采集种公畜的精液，经过品质检查和一系列处理，再用器械将精液输入发情母畜生殖道内，让母畜受胎的配种方式。采用人工授精技术可以提高优良种公牛的利用率；节约大量购买种公牛的费用，减少饲养管理费用，提高养牛效益；克服个别奶牛因生殖器官异常通过本交无法受孕的缺陷；防止生殖器官疾病和接触性传染病的传播；有利于选种选配；有利于优良品种的推广，迅速改变养牛业低产的局面。

实训目标

　　1. 掌握人工授精的概念及优点。
　　2. 熟知人工授精流程。

实训材料

　　发情母牛。

实训步骤

（一）教师讲解人工授精的相关知识

　　奶牛人工授精的技术流程，主要包括挑选发情奶牛、配种前的准备、精液的解冻及装入输精枪、人工输精、输精后的操作5个步骤。

　　1. 挑选发情奶牛　挑选发情奶牛要准备无误，防止误配错配。挑选发情奶牛的方法有尾根涂蜡法和SCR项圈电子检测法。

　　2. 配种前的准备　配种前需要准备液氮罐、恒温解冻杯、长柄防滑镊子、短镊子、输精枪、输精枪外套、剪精剪、秒表、一次性长臂手套、卫生纸、液状石蜡油。

　　3. 精液的解冻及装入输精枪　检查恒温解冻杯的温度，用长柄防滑镊子夹取水中的显示卡，确保水的温度为35～38 ℃。将秒表归零，将输精枪外套背在后背上进行保温。打开液氮罐提盖，打开保温杯，提起提桶时提桶应在白色霜线以下。每次只能取出 1 支冻精，取出冻精后轻甩两下，甩掉冻精上面残留的液氮，防止放到恒温解冻杯中解冻时精液爆管。将冻精放入恒温解冻杯中，打开秒表开始计时。冻精一般需在恒温解冻杯中解冻 45 s。用卫生纸将输精枪的枪头包裹住进行旋转式擦枪，以利于枪体均匀受热，边擦边放到脖子上感受枪体的温度，直到与人体温度相接近。秒表计时 45 s 后，打开恒温解冻杯取出冻精，用卫生纸擦去冻精管壁多余的水。将解冻后的精液装入输精枪内，用剪精剪剪去多余的部分，用拇指卡住垂直向下剪，取下后背的输精枪外套套住输精枪，用卫生纸包裹住枪头，以利于保温。检查枪的底座是否卡好，将输精枪外套背于后背，以便于下一步及时输精。

4. 人工输精

（1）输精之前的准备工作。输精员在输精之前要剪短指甲并磨光，戴上一次性长臂手套，并涂抹液状石蜡油。

（2）采用直肠把握输精法。将输精枪斜向上 45° 插入阴道 10 cm 处，再平行进枪。在进入阴道后，用伸入直肠的手触摸枪头以固定位置，枪头到达子宫颈口后将输精枪外套上的保护膜退出。用伸入直肠的手握着子宫颈，左右手配合，使枪头越过子宫颈皱褶，越过子宫颈时会出现落空感，可用手指轻触确定输精枪枪头位置。在离子宫颈内口 1～2 cm 处输精，推出精液时要轻柔缓慢。操作时须注意：一是慢插、轻推、缓出，防止精液倒流或回吸；二是避免将输精枪插入子宫角；三是从装枪到输精完毕要控制在 3 min 之内。

5. 输精后的操作　输精完成后还需要做输精后的相关工作。

（1）需要在发情奶牛臀部做"S"标记和配种日期标记，并进行尾根补蜡。

（2）再次核对牛号信息，做好配种记录并及时录入系统。

（3）处理好人工授精废弃物品，防止污染环境。

（4）观察配种后牛爬跨情况，必要时进行补配。

（二）学生熟知人工授精流程

通过教师讲解及观看牛场输精员人工授精的过程，掌握奶牛人工授精流程。

实训记录

按照表 4-4 填写实训记录。

表 4 – 4 实训记录

实训名称			
实训日期	年　　月　　日	实训地点	
实训目标			
实训材料			
实训内容			
实训问题分析	出现问题	分析原因	改进措施
奶牛人工授精的流程 及注意事项		实训学生： 指导教师：	

思考与练习

奶牛人工授精的意义是什么？

技能考核

技能考核参见表 4 – 5。

表 4 – 5 技能考核表

考核内容	考核标准	考核分值	考核得分
人工授精的概念及优点	掌握人工授精的概念及优点	30	
奶牛人工授精流程	熟知奶牛人工授精流程	70	
合计		100	

考核人：

实训十四　奶牛妊娠诊断（外部法）

妊娠诊断就是借助母牛妊娠后表现出的各种征状，判断是否妊娠以及妊娠的进展情况。在临床上进行早期妊娠诊断的意义非常重大，对于保胎、减少空怀及提高牛的繁殖率、有效实施牛生产的经营管理相当重要。经过妊娠诊断，对确诊已妊娠的母牛，应加强饲养管理，以保证胎儿发育，维持母牛健康，避免流产，预测分娩日期和做好产仔准备；对未妊娠的母牛，及时检查，找出未妊娠的原因，如配种时间和方法是否合适、精液品质是否合格、生殖器官是否患有疾病等，以便及时采取相应的治疗或管理措施，尽早恢复其繁殖能力。

实训目标

1. 掌握妊娠诊断的目的。
2. 通过视诊会对奶牛进行外部妊娠诊断。

实训材料

母牛、表格。

实训步骤

（一）教师讲解奶牛外部妊娠诊断相关知识

外部诊断法包括观察体况、胎动、腹部轮廓、乳房等外部表现和在腹壁外触诊胎儿、听取胎儿心音等方面的检查。

1. 视诊　母牛妊娠后，性情温驯，安静，行为谨慎，食欲增加，膘情好转，毛色润泽，腹围增大，腹部两侧大小不对称，孕侧下垂凸出；乳房逐渐胀大，排粪尿次数增加，但量不多，出现胎动，但无规律。妊娠4～5月后，从妊娠母牛后侧观察时，可发现右腹壁凸出；青年母牛妊娠4个月后乳房增大；经产母牛在妊娠最后1个月，乳房膨大和肿胀；母牛妊娠6个月后在腹壁右侧最凸出的部分可观察到胎动，饮水后比较明显。这种方法的缺点是不能早期确诊母牛是否妊娠和判断妊娠的确切时间。

2. 触诊　触诊是指隔着母牛腹壁触诊胎儿及胎动的方法，凡触及胎儿者均可诊断为妊娠。这种方法只适于妊娠后期。早晨饲喂之前，用弯曲的手指节或拳在右腹壁的前方、欹部下方，通过推动腹壁来感触胎儿的"浮动"。因牛腹壁松弛，所以较易看到胎动，通常是在背中线右下腹壁出现周期性、间歇性的膨出，在腹壁软组织上感触到一个大的、坚实的物体撞击腹壁。有 10％～50％的母牛于妊娠 6 个月、70％～80％于妊娠 7 个月、90％以上于妊娠 9 个月可感触到或出现胎动。

3. 听诊　听诊是指隔着母体腹壁听取胎儿心音的方法。妊娠 6 个月后，可在安静场所在母牛右欣部下方或膝腹壁内侧听取胎儿心音。胎儿心音数均比母牛高 2 倍以上。

（二）学生通过视诊判断奶牛是否妊娠

通过视诊填写表 4－6。

表 4－6　奶牛妊娠情况记录

奶牛耳号	视诊情况	是否妊娠	诊断人

实训记录

按照表 4－7 填写实训记录。

表 4－7　实训记录

实训名称				
实训日期	年　月　日		实训地点	
实训目标				
实训材料				
实训内容				
奶牛妊娠视诊征状分析				

实训学生：

指导教师：

妊娠诊断的意义是什么?

技能考核

技能考核参见表 4-8。

表 4-8　技能考核表

考核内容	考核标准	考核分值	考核得分
妊娠诊断的目的	掌握妊娠诊断的目的	30	
外部妊娠诊断（视诊）	会通过视诊对奶牛进行外部妊娠诊断	70	
合计		100	

考核人：

知识链接

　　母牛的妊娠表现：母牛配种以后，精子和卵子相结合，形成合子，完成受精，受精后的母牛称为妊娠母牛。这时母牛周期性的发情停止，食欲增加，营养状况改善，毛色光亮润泽，性情温驯，行为谨慎，安静，腹围渐渐增大并向右侧凸出。乳房胀大，腹下水肿。妊娠后期可观察到胎动。母牛的生殖器官也发生明显变化，卵巢上有妊娠黄体存在。妊娠 40～60 d，孕角粗大；妊娠 90 d，孕角收缩力变差，阴道黏膜苍白，有很稠的黏液栓封闭住子宫颈外口处。

实训十五　奶牛分娩诊断

　　通过奶牛分娩前的征状判断妊娠母牛是否临产，为初生犊牛和产后母牛的护理做准备，保证犊牛的成活率和母牛产后健康。

1. 明确奶牛分娩诊断的目的。
2. 掌握奶牛分娩前的变化。

分娩前的奶牛、表格。

（一）教师讲解奶牛分娩前变化的相关知识

1. 乳房变化 分娩前，母牛乳房膨胀增大。干乳期奶牛乳房膨大的时间大约为产前 10 d，有的并发水肿，并且可由乳头挤出少量清亮胶状液体或少量初乳；产前 2 d 内，乳房极度膨胀，皮肤发红，而且乳头中充满白色初乳，乳头表面被覆一层蜡样物，由原来的扁状变为圆柱状。有的牛有漏乳现象，乳汁成滴或成股流出来。漏乳开始后数小时至 1 d 即分娩。

2. 软产道变化 子宫颈在分娩前 1～2 d 开始胀大、松软；子宫颈管流出的黏液软化，流入阴道，有时吊在阴门之外，呈半透明索状；阴唇在分娩前 1 周开始逐渐柔软、肿胀、增大，一般可增大 2～3 倍，阴唇皮肤皱褶展平。

3. 骨盆韧带变化 骨盆韧带在临近分娩时开始变得松软，一般从分娩前 1～2 周即开始软化。产前 12～36 h，荐坐韧带后缘变得非常松软，尾根两旁只能摸到一堆松软组织，且荐骨两旁组织明显塌陷，可放 3～4 指，初产牛的变化不明显。母牛妊娠 7 个月后体温开始逐渐上升，可达 39 ℃。至产前 12 h 左右，体温下降 0.4～0.8 ℃。

4. 精神状态的变化 临产母牛精神不安，食欲缺乏，频频排粪排尿但量少。

（二）学生通过母牛分娩前的变化判断奶牛是否临产

观察妊娠母牛分娩前的变化，填写表 4-9。

表 4-9　妊娠母牛分娩前变化记录

奶牛耳号	妊娠母牛分娩前变化	是否临产	诊断人

实训记录

按照表 4-10 填写实训记录。

表 4-10　实训记录

实训名称			
实训日期	年　月　日	实训地点	
实训目标			
实训材料			
实训内容			
妊娠母牛分娩前 变化分析			实训学生： 指导教师：

思考与练习

母牛分娩诊断的意义是什么?

技能考核

技能考核参见表 4-11。

表 4-11 技能考核表

考核内容	考核标准	考核分值	考核得分
奶牛分娩诊断的目的	明确奶牛分娩诊断的目的	30	
奶牛分娩前的变化	掌握奶牛分娩前的变化	70	
合计		100	

考核人：

知识链接

预产期的推算：母牛的妊娠期一般为 270～285 d，平均为 280 d。为做好分娩前的准备，必须较准确地计算出母牛的预产期。最简单的方法是"月减3，日加6"（按 280 d 计算，配种的月份减3，配种的日期加6）。如配种月份在1月、2月、3月，不够减时，需借一年（加上 12 个月）再减；如配种日期加 6 时天数超过 30 d，减去本月天数后，余数移到下月计算。

【例1】1 号母牛于 2020 年 5 月 20 日配种，预计其产犊日期为：

月数：5-3=2（月）

日数：20+6=26（日）

1 号母牛的预产期是 2021 年 2 月 26 日。

【例2】2 号母牛于 2020 年 2 月 28 日配种，预计其产犊日期为：

月数：（2+12）-3=11（月）

日数：（28+6）-29=5（日）

2 号母牛的预产期是 2020 年 11 月 5 日。

模块五　奶牛疾病诊断技术

实训十六　乳腺炎的诊断

奶牛乳腺炎是奶牛在病原微生物的影响下，导致奶牛乳腺组织和乳头出现炎症，影响奶牛产乳量和乳质量的一种疾病。奶牛乳腺炎发生的原因是牛舍卫生条件不达标、奶牛的营养水平过低、挤乳技术和挤乳设备不合格、微生物感染等。所以，尽早发现乳腺炎并进行治疗，对于奶牛养殖场来说意义重大。

实训目标

1. 掌握奶牛乳腺炎的症状。
2. 掌握奶牛乳腺炎的判断标准。
3. 会判断奶牛是否患乳腺炎。

实训材料

泌乳奶牛、牛乳。

实训步骤

（一）教师讲解乳腺炎的相关知识

1. 乳腺炎的症状

（1）乳汁异常。乳汁中有絮片、凝块、脓汁，水状乳。

（2）乳房异常。乳房肿、疼、热、红。

（3）全身症状。发热（常在早期）、采食量和饮水量下降、瘤胃功能下降、脱水、倒地不起。

2. 乳腺炎判断标准

（1）一级。乳汁变质（结块、絮状、水样等），但乳房无变化，奶牛未见全身症状。

（2）二级。乳汁变质（结块、絮状、水样等），乳房肿胀，但奶牛未见全身症状。

（3）三级。乳汁变质（结块、絮状、水样等），乳房肿胀，而且奶牛伴有全身症状。

（二）学生判断奶牛是否患乳腺炎

通过观察奶牛的乳汁、乳房以及全身症状判断奶牛是否患乳腺炎，填写表 5-1。

表 5-1　奶牛患乳腺炎记录

奶牛耳号	乳汁变化	乳房变化	全身症状	是否患乳腺炎	诊断人

实训记录

按照表 5-2 填写实训记录。

表 5-2　实训记录

实训名称			
实训日期	年　月　日	实训地点	
实训目标			
实训材料			

(续)

实训内容	
奶牛乳腺炎的症状及标准	
奶牛乳腺炎的治疗方案	实训学生： 指导教师：

技能考核

技能考核参见表 5-3。

表 5-3　技能考核表

考核内容	考核标准	考核分值	考核得分
奶牛乳腺炎的症状	掌握奶牛乳腺炎的症状	20	
奶牛乳腺炎的判断标准	掌握奶牛乳腺炎的判断标准	20	
奶牛乳腺炎	会判断奶牛是否患乳腺炎	60	
合计		100	

考核人：

实训十七　产后瘫痪的诊断

奶牛产后瘫痪是一种营养代谢性疾病，主要是饲养管理不当、营养缺乏和代谢紊乱所致，多发于饲养良好的高产奶牛，产乳量最高时发病最多。随着胎次和年龄的增加，奶牛产后瘫痪的发病率也逐渐增高。该病属于家畜产科疾病的范畴，广泛存在于世界各地，是奶牛饲养中的一种常见病和多发病，发病率一般在 5%～8%，个别牧场的发病率可高达 25%～30%。由于神经冲动的正常传导，肌肉的正常收缩都需要钙，所以当血钙水平过低时，奶牛出现痉挛、抽搐，肌肉强烈收缩，发生产后瘫痪。此病多发生于高产奶牛，发病时奶牛表现异常兴奋、肌肉痉挛、麻痹，病牛常表现卧地不起（图 5-1）。

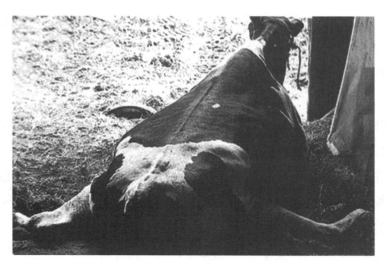

图 5-1 奶牛产后瘫痪表现

实训目标

1. 了解造成奶牛产后瘫痪的原因。
2. 掌握奶牛产后瘫痪的症状。
3. 会对奶牛产后瘫痪进行诊断。

实训材料

产后奶牛、表格。

实训步骤

（一）教师讲解奶牛产后瘫痪的相关知识

1. 奶牛产后瘫痪的症状　奶牛产后在 3 d 内发病，个别在产前数小时发病。前驱症状：呈短暂的兴奋和抽搐，然后奶牛站立不稳，多数倒地不起，体温逐渐降低，耳根冰凉，肌肉颤抖，瘤胃蠕动停止，反刍停止，无粪便，奶牛伏卧，颈、胸、腰呈 S 形，最后呈昏迷状态，对外界刺激反应减弱或无反应。

2. 预防奶牛产后瘫痪的措施

（1）母牛在产前 2 个月开始停乳，确保胎儿与母体的营养需要，在母牛干乳期，最迟从产前 2 周开始转入产房，开始低钙高磷饲养，减少从日粮摄入的钙量，这样可激活甲状旁腺的机能，从而提高吸收钙的能力，使母牛产后很快适应、能及时动员骨骼中的钙溶解出来，保持血钙正常水平。

（2）奶牛停乳后，要减少谷物精饲料的喂量，增加优质干草的喂量，防止母牛过肥，以减少难产的发生。

（3）奶牛产后不能喝冷水，应喂一些温水，在水中撒些麸皮或加些红糖，或喂一些龙胆酊之类的健胃药，保证母牛有良好的消化机能和旺盛的食欲，有利于产后恢复。

（4）母牛产犊后，不要急于挤乳，第 1 次挤乳时不要把乳挤净。正确的挤乳方法应是少量多次，逐日增加。前 1～2 d 挤出乳量的 1/5～2/5，产后第 6 天开始挤净，以防止钙从初乳中大量排出而造成血钙骤降进而导致产后瘫痪。

（5）母牛产后立即恢复高钙饲料，以保证奶牛的钙代谢平衡。

（6）有条件的奶牛场，可以在母牛产前 8 d 开始肌内注射维生素 D_3，每天 1 次直至临产，并在产前 4 周到产后 1 周，每天增喂 30 g 镁，以预防血钙下降时出现抽搐。

（7）保持牛体、产房清洁卫生，保持牛舍安静，预防可能诱发产后瘫痪的各种应激。注意观察牛群动态，及早发现瘫痪迹象，越早治疗越好。

（二）学生诊断奶牛产后是否患产后瘫痪

学生根据奶牛产后的表现，诊断奶牛产后是否患产后瘫痪，填写表 5-4。

表 5-4　奶牛产后瘫痪诊断记录

奶牛耳号	产后表现	是否患产后瘫痪	诊断人

实训记录

按照表 5-5 填写实训记录。

表 5-5　实训记录

实训名称				
实训日期	年　　月　　日		实训地点	
实训目标				
实训材料				
实训内容及过程				
实训问题分析	出现问题		分析原因	改进措施
奶牛产后瘫痪治疗方案	实训学生： 指导教师：			

技能考核

技能考核参见表 5-6。

表 5-6　技能考核表

考核内容	考核标准	考核分值	考核得分
奶牛产后瘫痪的原因	了解造成奶牛产后瘫痪的原因	20	
奶牛产后瘫痪的症状	掌握奶牛产后瘫痪的症状	30	
奶牛产后瘫痪的诊断	会对奶牛产后瘫痪进行诊断	50	
合计		100	

考核人：

实训十八　胎衣不下的诊断

胎衣不下又称胎衣滞留，为胎儿产出后一定时间内胎衣不能排出的一种家畜产科疾病。母牛产后分娩出胎衣的正常时间一般不超过 12 h，12～24 h 内排出则认为是排出迟缓，分娩后 24 h 内仍未排出，则认为是胎衣不下。无布鲁菌病地区，健康奶牛在正常分娩后胎衣不下的发病率为 3%～12%，平均为 7%；异常分娩的奶牛，如双胎、难产、流产、早产以及感染布鲁菌病的牛群，胎衣不下的发病率为 20%～50%，甚至更高。胎衣不下不但引起产乳量下降，而且可引起子宫内膜炎症和子宫复旧延迟，从而导致不孕，致使许多奶牛被提前淘汰。流行病学研究表明，发生过胎衣不下的奶牛，其代谢性疾病，如乳腺炎、子宫内膜炎和以后发生流产的发病率更高。胎衣不下的奶牛可发生中性粒细胞功能障碍，引起子宫和其他部位抗感染能力降低。胎衣不下导致急性子宫内膜炎时，中性粒细胞聚集到受感染子宫，造成外周血液缺乏中性粒细胞。奶牛胎衣不下常引起子宫内膜炎、子宫蓄脓等影响以后妊娠，从而成为奶牛养殖业的严重问题。所以，奶牛产后如果出现胎衣不下，要及时治疗。

实训目标

1. 掌握胎衣不下造成的后果。
2. 会诊断胎衣不下。

实训材料

产后奶牛、表格。

实训步骤

（一）教师讲解胎衣不下诊断的相关知识

产后母牛从阴门脱出土红色尿膜绒毛膜，表面有许多大小不等的子叶，产后超过 12 h 此胎膜还未脱落时，可诊断为胎衣不下。由于胎衣的刺激作用，病牛常常表现拱背和努责。胎衣在产后 1 d 之内就开始变性分解，夏天更易腐败。在此过程中，胎儿子叶腐烂液化，因而胎儿绒毛会逐渐从母体腺窝中脱离出来。子宫颈不完全关闭，从阴道排出污红色恶臭液体，病牛卧下时排出量较多。液体内含胎衣碎块，特别是胎衣的血管不易腐烂，很容易观察到。向外排出胎衣的过程一般为 7～10 d，长者可达 12 d。由于感染及腐败胎衣的刺激，病牛会发生急性子宫内膜炎。胎衣腐败分解产物被吸收后则会引起全身症状，如体温升高，脉搏、呼吸加快，精神沉郁，食欲减退，瘤胃弛缓，腹泻，产乳量下降。

（二）学生诊断奶牛是否患胎衣不下

学生根据奶牛产后表现，诊断奶牛是否患胎衣不下，填写表 5-7。

表 5-7　奶牛产后胎衣不下诊断记录

奶牛耳号	产后表现	是否患胎衣不下	诊断人

实训记录

按照表 5-8 填写实训记录。

表 5-8　实训记录

实训名称				
实训日期	年　月　日		实训地点	
实训目标				
实训材料				
实训内容及过程				

（续）

实训问题分析	出现问题	分析原因	改进措施
奶牛产后胎衣不下 治疗方案			实训学生： 指导教师：

技能考核

技能考核参见表5-9。

表5-9 技能考核表

考核内容	考核标准	考核分值	考核得分
胎衣不下造成的后果	掌握胎衣不下造成的后果	30	
奶牛产后胎衣不下	会诊断奶牛产后胎衣不下	70	
合计		100	

考核人：

知识链接

奶牛产后胎衣不下的病因：

1. 产后子宫收缩无力

（1）饲料单一，缺乏钙、硒、维生素A和维生素E，母牛消瘦或过肥，老龄，运动不足和干乳期过短都能导致子宫收缩无力。

（2）胎儿过多，胎水过多及胎儿过大，使子宫过度扩张都容易继发产后子宫收缩无力。

（3）晚期流产及早期引产引起母牛内分泌对分娩的调控紊乱，影响胎盘成熟及产后子宫的正常收缩活动。

（4）难产后子宫肌疲劳也会发生收缩无力。

（5）产后没有及时给犊牛哺乳，致使催产素释放不足，也可影响子宫收缩。

2. 胎盘充血和水肿　在分娩过程中，子宫异常强烈收缩或脐带血管关闭太快会引起胎盘充血。在这种情况下，一方面，胎盘中毛细血管的表面积增加，绒毛膜嵌闭在腺窝中，就会使腺窝和绒毛膜发生水肿；另一方面，也不利于绒毛膜中的血液排出，水肿可延续到绒毛末端，结果腺窝压力不能下降，胎盘组织之间持续紧密连接，不易分离。

3. 胎盘炎症

（1）妊娠期间子宫受到感染（如沙门菌、胎儿弧菌、生殖道支原体、霉菌、毛滴虫、弓形虫或病毒等造成的感染）从而发生子宫内膜炎及胎盘炎，导致结缔组织增生，可使胎儿胎盘与母体胎盘发生粘连。

（2）饲喂变质的饲料，可使胎盘内绒毛和腺窝壁间组织坏死，从而影响胎盘分离。

（3）在生产实践中，一旦产房发生一例胎衣不下，此后紧接着分娩的母牛，尤其是临近母牛，几乎都会发生胎衣不下或者产后子宫内膜炎。如果更换产房则胎衣不下发病率迅速下降。从流行病学考虑，产房中一旦存在某种致病性很强的病原体，母牛在等待分娩的过程中生殖道会发生感染，引起急性子宫内膜炎，导致子宫松弛和胎衣不下，然后继发胎盘炎。

4. 胎盘组织构造　牛胎盘属于上皮绒毛膜与结缔组织绒毛膜混合型，胎儿胎盘和母体胎盘联系比较紧密，这是胎衣不下多见于牛的主要原因，当胎盘突少而大时，尤其如此。胎盘的完全成熟和分离对胎衣排出极为重要。一般来说，妊娠期胎盘已经出现一些明显变化，为其排出做好准备。牛胎盘分离的基本过程是：胎盘突结缔组织逐渐胶原化→子宫腺窝的上皮层逐渐变平→胎儿排出期胎盘的局部缺血和充血使得母体子宫腺窝的紧密连接开始松动→胎盘突变平→脐带断裂后，胎儿胎盘绒毛缺血→子宫收缩促进胎盘分离。多种原因干扰了胎盘的分离过程导致胎衣不下，胎盘突不成熟是最为重要的原因。

5. 遗传和免疫因素　上述因素都无异常的牛群，胎衣不下发病率仍然高达 4%，因此有人认为，遗传因素在胎衣不下的发生上起到一定作用（Joosten 等，1991）。Joosten 和 Hensen（1992）认为，主要组织相容性复合物（MHC）是启动胎盘排出的信号之一，如果母体对胎儿性 MHC 产物出现耐受性，则不可避免地会发生胎衣不下。

6. 其他因素

（1）热应激和围产期低血钙容易导致胎衣不下。

（2）用外源性药物，如用皮质类固醇引产的母牛肯定会发生胎衣不下。

实训十九　子宫内膜炎的诊断

奶牛子宫内膜炎是奶牛子宫的一种病状，当发生子宫内膜炎时，如果病变轻微，一般很难确诊，尤其患隐性子宫内膜炎时更是如此。产房卫生条件差，临产母牛的外阴、尾根部污染粪便而未彻底洗净消毒，助产或剥离胎衣时，术者的手臂、器械消毒不严，胎衣不下腐败分解，恶露停滞等，均可引起产后子宫内膜感染。通常在产后 1 周内发病，轻者无全身症状，发情正常，但不能受孕，严重的伴有全身症状，如体温升高、呼吸加快、精神沉郁、食欲减退、反刍减少等表现。病牛拱腰、举尾，有时努责，不时从阴道流出大量污浊或棕黄色黏液脓性分泌物，有腥臭味，内含絮状物或胎衣碎片，常附着尾根，形成干痂。直肠检查，子宫角变粗，子宫壁增厚。若子宫内蓄积渗出物时，触之有波动感。

实训目标

1. 掌握奶牛患子宫内膜炎的病因。
2. 掌握奶牛子宫内膜炎的症状。
3. 会诊断奶牛子宫内膜炎。

实训材料

产后奶牛、表格。

实训步骤

（一）教师讲解子宫内膜炎症状相关知识

产后 15 d，奶牛的子宫仍未复旧，排恶臭液体或脓性分泌物，当子宫颈口关闭时，脓性分泌物排不出来，奶牛体温升高至 40～41.5 ℃、精神沉郁、瘤胃蠕动减弱或停止，脱水。

（二）学生诊断奶牛是否患子宫内膜炎

学生根据奶牛产后表现，诊断奶牛是否患子宫内膜炎，填写表 5-10。

表 5-10　奶牛产后子宫炎诊断记录

奶牛耳号	产后表现	是否患子宫内膜炎	诊断人

实训记录

按照表 5-11 填写实训记录。

表 5-11　实训记录

实训名称				
实训日期	年　　月　　日		实训地点	
实训目标				
实训材料				
实训内容及过程				

（续）

实训问题分析	出现问题	分析原因	改进措施
奶牛产后子宫内膜炎 治疗方案			实训学生： 指导教师：

技能考核

技能考核参见表 5 - 12。

表 5 - 12　技能考核表

考核内容	考核标准	考核分值	考核得分
奶牛子宫内膜炎的病因	掌握奶牛子宫内膜炎的病因	20	
奶牛子宫内膜炎的症状	掌握奶牛子宫内膜炎的症状	30	
奶牛产后子宫内膜炎的诊断	会诊断奶牛子宫内膜炎	50	
合计		100	

考核人：

模块六　挤乳技术和乳的评价

实训二十　挤乳技术

实训目标

1. 掌握挤乳操作流程。
2. 掌握挤乳的注意事项。
3. 会挤乳。

实训材料

前药浴液 33％的好易洁（主要成分为聚维酮碘）、后药浴液弘典（主要成分为聚维酮碘）原液，一次性橡胶手套、工帽、口罩、胶靴、围裙、套袖、泌乳奶牛。

实训步骤

（一）教师讲解挤乳相关知识

1. 挤乳操作流程见图 6-1

图 6-1　挤乳操作流程

（1）挤乳前准备（图 6-2）。

① 每班次挤乳前必须开班前会。

② 挤乳工穿戴一次性橡胶手套、工帽、口罩、胶靴、围裙、套袖，带上纸巾。

③ 挤乳机启动后必须检查真空表，显示正常后方可操作。

④ 药浴液按照规定浓度配制。

⑤ 盛放药浴液的容器必须密闭，而且保证每班次现用现配，当班次未使用完的弃掉。

早班会、人员防护　　　　　　　　　　　　　　配制药浴液

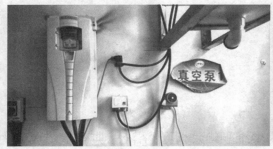
设备检查　　　　　　　　　　　　　　　　　药浴液存放

图 6 - 2　挤乳前准备

（2）赶牛。赶牛顺序为新产牛、高产牛、低产牛、其他病牛、乳腺炎病牛。赶牛时严禁高声吆喝牛、打牛及快速驱赶牛。

（3）验乳。验乳员要保证手部干净，每个乳区弃掉前3把乳，如果发现疑似乳腺炎乳，则再挤两把乳验证确认，及时发现乳汁异常（血乳、乳腺炎乳）牛，并做记录。给患乳腺炎的牛佩戴红色脚带并及时转入病牛舍，填写转群记录，与其接触的验乳员要对手部立即进行清洗或者更换手套，方可进行下一步操作。

（4）前药浴。前药浴时4个乳头全部药浴，不要有遗漏（坏死乳区除外）。浴液要覆盖整个乳头（尤其是乳头孔处）。药浴液在乳头表面至少停留30 s以上才能保证消毒效果。

（5）擦拭。擦拭乳头的顺序：先擦拭前面的乳头，再擦拭后面的乳头，每擦 1 个乳头都要更换纸巾。确保使用前和使用后的纸巾分开存放，不得混放。

（6）套杯。坏死的乳区禁止套杯，使用假乳头堵塞，避免漏气，假乳头要干净、卫生，用消毒液浸泡后才能使用，不允许用乳杯或其他工具打牛，特别是头胎新产牛。

（7）后药浴。目的是消毒、封闭乳头孔，后药浴液浓度按照产品说明书调配。其他要求与前药浴一致。

2. 挤乳注意事项

（1）挤乳员随时巡杯，发现漏气、掉杯及时补救。

（2）掉杯后脏的乳杯要及时清洗，确保乳杯干净卫生后方可套杯。

（3）对于没有挤完的牛不允许提前收杯。

（二）学生挤乳操作

学生在牛场挤乳员的指导下挤乳，填写表 6-1。

表 6-1　挤乳记录

奶牛耳号	验乳	前药浴	擦拭	套杯	后药浴	挤乳人员

实训记录

按照表 6-2 填写实训记录。

表6-2　实训记录

实训名称				
实训日期	年　月　日		实训地点	
实训目标				
实训材料				
实训内容及过程				
挤乳流程及注意事项				实训学生： 指导教师：

技能考核

技能考核参见表6-3。

表6-3　技能考核表

考核内容	考核标准	考核分值	考核得分
挤乳操作流程	掌握挤乳操作流程	20	
挤乳注意事项	掌握挤乳注意事项	20	
挤乳操作	会挤乳	60	
合计		100	

考核人：

知识链接

挤乳厅工作人员的基本工作原则：

（1）不能给较脏和潮湿的乳房挤乳。较脏的乳房是指被水、粪便或泥水覆盖的乳房。潮湿的乳房是指擦干后乳头上仍有水。挤乳时应保证乳房清洁和干燥。

（2）不要给乳房肿胀的奶牛挤乳，需等待兽医检查处理。兽医必须标记患乳腺炎的奶牛，并隔离治疗。

（3）掉到地上的乳杯要清洗后尽快重新套杯。

（4）每个挤乳员都要始终清楚手和设备对传染乳腺炎的作用。所以挤乳时，必须戴一次性橡胶手套，每班次挤完乳后扔掉，不能重复使用。挤乳必须保证手和设备干净，尤其是与患乳腺炎的牛接触后，要经过消毒后再给其他奶牛挤乳。

（5）必须分辨出无法正常工作的挤乳器，并尽快通知挤乳厅负责人协调修理。

实训二十一　原料乳的感官评价

实训目标

1. 掌握正常鲜乳的特征。

2. 掌握原料乳的感官评价方法。

3. 会对原料乳进行感官评价。

实训材料

原料乳。

实训步骤

（一）教师讲解原料乳感官评价的相关知识

感官检验鲜乳，主要是通过视觉、味觉、嗅觉等对鲜乳进行鉴定。第一，打开冷却储乳器或罐式运乳车容器的盖，立即嗅容器内鲜乳的气味。第二，将原料乳含入口中，并使之遍及整个口腔的各个部位，因为舌面各种味觉分布并不均匀，以此鉴定是否存在异味。在对风味进行检验的同时，对鲜乳的色泽、异物、是否有乳脂分离现象进行观察。正常鲜乳为乳白色或微带黄色，不得含有肉眼可见的异物，不得有红、绿等异色，不能有苦、涩、咸的滋味，不得有饲料味等异味。

（二）学生对原料乳进行感官评价

填写表6-4。

表6-4　原料乳感官评价记录

原料乳	视觉检查	味觉检查	嗅觉检查	原料乳是否合格	检查人

实训记录

按照表6-5填写实训记录。

表6-5　实训记录

实训名称			
实训日期	年　　月　　日	实训地点	
实训目标			
实训材料			
实训内容及过程			
实训问题分析	出现问题	分析原因	改进措施
原料乳的感官评价方法			实训学生： 指导教师：

技能考核

技能考核参见表6-6。

表6-6 技能考核表

考核内容	考核标准	考核分值	考核得分
正常鲜乳的特征	掌握正常鲜乳的特征	20	
原料乳的感官评价方法	掌握原料乳的感官评价方法	30	
原料乳感官评价	会对原料乳进行感官评价	50	
合计		100	

考核人：

图书在版编目（CIP）数据

奶牛饲养管理技术实训指导手册 / 何涛，李会菊主编 . —北京：中国农业出版社，2023.2
　ISBN 978 - 7 - 109 - 30263 - 1

　Ⅰ.①奶… 　Ⅱ.①何… ②李… 　Ⅲ.①乳牛－饲养管理－手册 　Ⅳ.①S823.9 - 62

中国版本图书馆 CIP 数据核字（2022）第 223764 号

中国农业出版社出版
地址：北京市朝阳区麦子店街 18 号楼
邮编：100125
责任编辑：李　萍　　文字编辑：耿韶磊
版式设计：书雅文化　　责任校对：刘丽香
印刷：中农印务有限公司
版次：2023 年 2 月第 1 版
印次：2023 年 2 月北京第 1 次印刷
发行：新华书店北京发行所
开本：787mm×1092mm　1/16
印张：5.25
字数：86 千字
定价：21.00 元